Florian Stein

# Energieversorgung und Klimawandel

## Prognosen und Wechselwirkungen

GRIN Verlag

**Bibliografische Information der Deutschen Nationalbibliothek:**

Die Deutsche Bibliothek verzeichnet diese Publikation in der Deutschen National-
bibliografie; detaillierte bibliografische Daten sind im Internet über http://dnb.d-
nb.de/ abrufbar.



**Impressum:**

Copyright © 2009 GRIN Verlag, Open Publishing GmbH
Druck und Bindung: Books on Demand GmbH, Norderstedt Germany
ISBN: 978-3-640-84965-9

**Dieses Buch bei GRIN:**

http://www.grin.com/de/e-book/168070/energieversorgung-und-klimawandel

Seminararbeit zum Oberseminar

Energiegeographie

Am Institut für Geographie, Lehrstuhl für Physische Geographie

im Sommersemester 2009


Thema

# Energieversorgung und Klimawandel

*Prognosen und Wechselwirkungen*


Vorgelegt von

**Florian Stein**


April 2009

# Inhaltsverzeichnis

# 1. Zielsetzung und Überblick

Der Klimawandel und seine möglichen Folgen sind aus der Tagespresse und dem öffentlichen Bewusstsein nicht mehr wegzudenken. Doch die allgemeinen Erkenntnisse beschränken sich auf globale Phänomene wie Erwärmung und Meeresspiegelanstieg. Lokal sind jedoch extreme Wetterereignisse spürbar, die scheinbar häufiger auftreten und leichter im Bewusstsein haften bleiben als die Wirkungszusammenhänge der Ursachen eines sich ändernden globalen Klimas. Anhand des Schemas in Figur 1 soll zunächst der Energiesektor, danach der Klimawandel und schließlich die Wechselwirkungen (v.a. zwischen den einzelnen „Kettengliedern" und dem Klimawandel) beleuchtet werden. Die Wechselwirkungen innerhalb des Energiesektors unterliegen eher wirtschaftlichen Gesetzmäßigkeiten und werden von unterschiedlichen Akteursgruppen (Haushalte, Unternehmen, Staat) beeinflusst. Dies kann jedoch in dieser Arbeit lediglich als bedeutend erwähnt werden.

Unsicherheiten über Art, Ausprägung und Rückkopplung bei den Wechselwirkungen werden durch „trübe" Filter (in Anlehnung an SCHENK&SCHLIEPHAKE, 2005, S.38) abgebildet und finden sich sowohl in der Mensch-Mensch Beziehung des Marktgeschehens (Angebot, Nachfrage), als auch in der Mensch-Umwelt-Beziehung des Klimawandels wieder. Die Filter resultieren aus Informationsdefiziten und der beschränkten menschlichen Wahrnehmungsfähigkeit. Gleichzeitig repräsentieren die Filter Forschungsbedarf, der gegenwärtig bspw. bei der Abschätzung regionaler Folgen des globalen Klimawandels besteht.

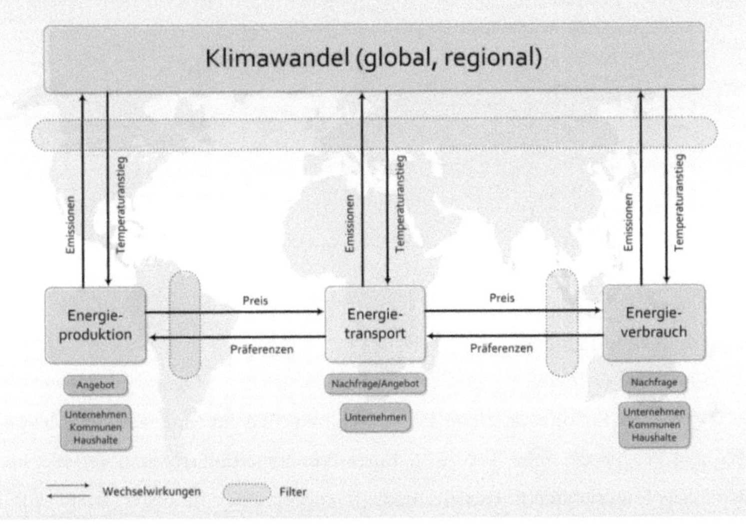


*Figur 1: Wechselwirkungen zwischen Klimawandel und der „Prozesskette" Energie. Eigene Darstellung.*

## 2. Energieversorgung und Energieprognosen

Fragen zur Versorgung der Menschen mit Energie und der Klimawandel allgemein sind
Aspekte, die den Blick unweigerlich auf Prognosen schweifen lassen. Um jedoch Prognosen
zum Energieverbrauch (Figur 2) besser zu verstehen, müssen zunächst verschiedene Bereiche
der gegenwärtigen Energieversorgung kurz beleuchtet werden. Weniger entwickelte
Regionen, die ihren Energiebedarf größtenteils aus Biomasse decken, werden nicht explizit
betrachtet. Auf weltweiter Ebene ist hierzu eine Betrachtung geographisch unterschiedlich
verteilter Energieressourcen und -reserven, des dadurch und durch unterschiedliche
Produktivität entstehenden internationalen Handels mit Energieträgern, der charakteristischen
Eigenschaften der Transportmittel und -wege derselben und schließlich des Verbrauchs von
Energie auf nationaler und lokaler Ebene nötig. In diesem Umfang ist dies jedoch in dieser
Arbeit nicht immer möglich.

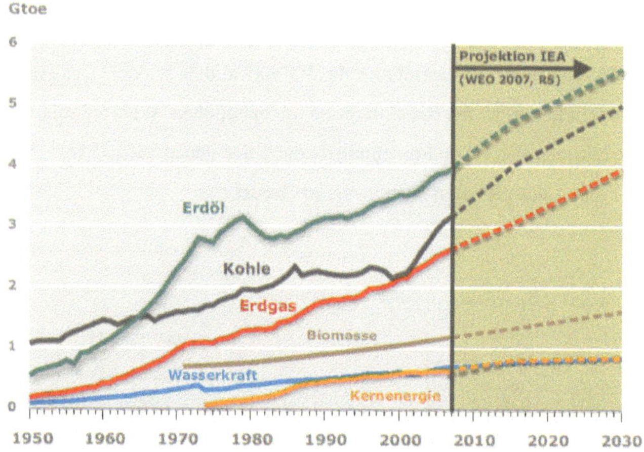


*Figur 2: Entwicklung des Primärenergieverbrauchs (PEV) weltweit,*
*Quelle: REMPEL, 2007, S.8 © BGR Hannover*

## 2.1 Energieversorgung global

Die Entwicklung des weltweiten Primärenergieverbrauchs (PEV, Figur 2) von 1950 bis 2007
zeigt die wichtigsten Energieträger und ihren Anteil am PEV in Mrd. Tonnen Öläquivalent
(TOE) (zu den Prognosen siehe Kap. 2.2). Unter Primärenergieverbrauch versteht man den
Verbrauch von Energieträgern (fossil, nuklear, regenerativ) in erster Stufe vor deren
technischer Energieumwandlung (vgl. HAAS, et al., 2005, S.430). Auffallend ist, dass sich

Erneuerbare Energien (EE) außer Biomasse und Wasserkraft hier nicht wiederfinden und dass letztere zusammen mit der Kernenergie nur geringe Anteile am Gesamtverbrauch verzeichnen, aber dennoch regional von Bedeutung sind. Außerdem können Wasserkraft und Kernenergie lediglich als Stromquelle dienen, wohingegen die Nutzungsformen der fossilen Energieträger breiter sind. Den Großteil des PEV decken nicht-erneuerbare Energierohstoffe zu deren geographischer Verteilung REMPEL (2008) Auskunft gibt. Hierbei handelt es sich um die „fossilen, aus organischer Substanz gebildeten Rohstoffe Erdöl, Erdgas und Kohle sowie die Kernbrennstoffe Uran und Thorium" (REMPEL, 2008, S.22). Eine weitere Untergliederung in „konventionelle und nicht-konventionelle Energierohstoffe" (REMPEL, 2008, S.22) schließt Ölsande, Schwerstöl, Ölschiefer und beispielsweise Gashydrate (vgl. REMPEL, 2008, S.23) mit ein, wobei diese Untergliederung aus höheren Produktionskosten der nicht-konventionellen Rohstoffe herrührt. Für die räumliche Verteilung ist das „Gesamtpotenzial" als Summe aus Reserven (REMPEL, 2008, S.23), Ressourcen und kumulierter Förderung zu betrachten. Reserven sind hierbei „Lagerstätten, die bereits entdeckt sind und derzeit wirtschaftlich abgebaut werden können – und auch rechtlich zum Abbau freigegeben sind" (PRESS & SIEVER, 2003, S.596); Ressourcen sind die „weltweit vorhandenen Gesamtmengen eines Rohstoffs, die künftig gewonnen werden können" (PRESS & SIEVER, 2003, S.596), und die kumulierte Förderung ist die seit Beginn der Förderung eines Rohstoffes geförderte Gesamtmenge bis zu einem bestimmten Zeitpunkt.

Räumlich sehr ungleichmäßig verteilt ist konventionelles Erdöl und Erdgas, wohingegen Kohle gleichmäßiger verteilt ist. Es ist sogar die Rede von einer „Strategischen Ellipse (…) vom Nahen Osten über den Kaspischen Raum bis nach Nordwest-Sibirien" (REMPEL, 2008, S. 23 und Abb.3, S.25), um die räumliche Konzentration von über 70% der weltweiten Reserven konventionellen Erdöls zu verdeutlichen. Allerdings ist der Anteil des Nahen Ostens an Reserven und Ressourcen dreimal so groß wie der Anteil der GUS (Gemeinschaft Unabhängiger Staaten).

Neben dem Umfang und der räumlichen Verteilung der Ressourcen trägt zur Konzentration der Weltreserven auch bei, dass z.B. in Nordamerika bereits über 60% des Gesamtpotenzials gefördert sind (vgl. REMPEL, 2008, S. 23). Als regionales Gegengewicht auf dem amerikanischen Kontinent könnte sich nicht-konventionelles Erdöl (v.a. Ölsande und Schwerstöle) erweisen, obwohl es teurer als konventionelles Erdöl zu gewinnen ist. Bei steigenden Preisen könnte es jedoch ebenfalls wirtschaftlich abgebaut werden (vgl. GERLOFF, 2008, S.42f).

Konventionelles Erdgas hat ein ähnliches Verteilungsmuster wie Erdöl, denn die „Strategische Ellipse" umfasst auch ca. 69% der Welterdgasreserven (vgl. REMPEL, 2008, S.25), allerdings verbuchen die GUS hier ähnlich große Anteile an Reserven und Ressourcen wie der Nahe Osten. Auch beim Erdgas verbleibt Nordamerika nur noch etwa die Hälfte seines Gesamtpotentials - eine Verknappung, die allerdings intrakontinental durch Substitution mit Kohle gemildert werden könnte oder durch interkontinentalen Handel mit Flüssiggas (vgl. REMPEL, 2008, S.29).

Kohle hingegen ist auf der Erde gleichmäßiger verteilt, jedoch müssen Hart- und Weichkohlen unterschieden werden. Hartkohlen machen über 90% der weltweiten Kohleförderung aus und werden wegen ihres günstigeren Verhältnisses von Energiegehalt zu Transportkosten weltweit gehandelt (vgl. REMPEL, 2008, S.24ff). Weichkohlen werden v.a. zur Stromproduktion in der Nähe der Förderstandorte genutzt (z.B. Rheinisches Braunkohlenrevier, vgl. MICHAEL, 2008, S.50f).

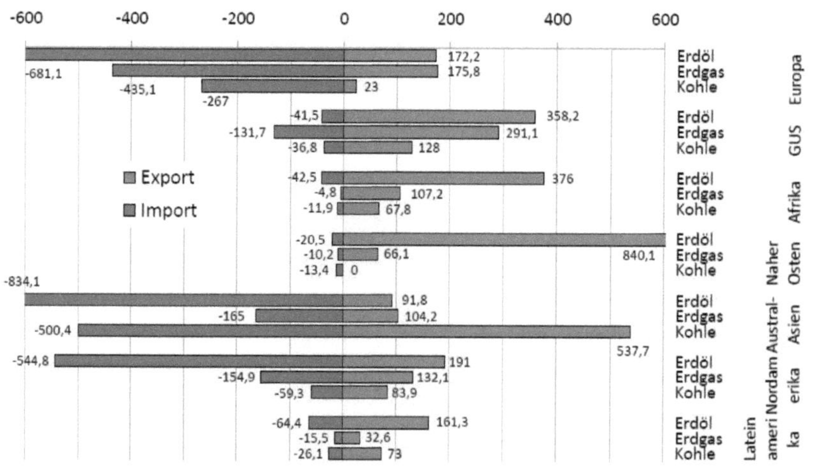


*Figur 3: Handel mit Energierohstoffen nach Regionen. Datenquelle: Rempel, 2007, Tabellen 12,13,19,20,26,27. Erdöl = Rohöl, Kohle = Hartkohle (Steinkohle, Anthrazit, Hartbraunkohlen mit Energiegehalt >16500kj/kg)*

Uran wiederum ist ungleichmäßiger verteilt, wobei über 80% der Weltreserven in den Ländern Australien, Kanada, Kasachstan, Brasilien und Südafrika vorkommen (vgl. REMPEL, 2007, S.27). Die Ressourcen der uranreichen Regionen (USA, Südafrika,

Kasachstan, Russland, Mongolei, Kanada, Australien, Brasilien) betragen mindestens 75% des Gesamtpotenzials, wohingegen in Europa, das nur ca. 3% der Ressourcen und ca. 0,1% der Reserven aufweist, bereits die Hälfte seines Gesamtpotenzials gefördert wurde (vgl. REMPEL, 2007, S.78f). Trotzdem hat Europa einen Anteil am weltweiten Uranverbrauch von 35% (vgl. REMPEL, 2007, S.81), der nur durch Energieimporte zustande kommen kann und somit die Bedeutung des Handels mit Energierohstoffen und die Importabhängigkeit Europas illustriert.

Über den Handelsumfang von Erdöl, Erdgas und Kohle und dessen regionale Verteilung gibt Figur 3 Auskunft. Die Ländergruppen sind Lateinamerika, Nordamerika, Austral-Asien, Naher Osten, Afrika, GUS und Europa. Wegen dieses kleinen Maßstabs exportierten und importierten die Regionen gleichzeitig den gleichen Rohstoff, was in der Graphik durch negative Werte für Import und positive Werte für Export dargestellt ist. Betrachtet man die Handelsbilanz (Differenz von Export und Import) werden die Quellen und Ziele des internationalen Handels zumindest kleinmaßstäbig sichtbar: Europa importierte die gesamten Rohstoffe, während die GUS-Staaten, Afrika, der Nahe Osten und Lateinamerika alle drei Rohstoffe exportierten. Die Länder der Region Austral-Asien importierten vorwiegend Erdöl und Erdgas, wobei Kohle in diesem Maßstab eine auf hohem Handelsvolumen ausgeglichene Bilanz aufweist. Dies ist dadurch zu erklären, dass Australien und Indonesien sehr viel Kohle aus der Region exportierten, während Japan, Korea, Taiwan, Indien und China sehr viel Kohle in die Region importierten (vgl. REMPEL, 2007, Tab.26&27). Die Region Nordamerika importierte vorwiegend Erdöl und Erdgas und zeigte einen leichten Exportüberschuss bei Kohle.

Nicht direkt auf künftige Handelsströme, jedoch auf mögliche künftige regionale Anteile an der Weltproduktion der Rohstoffe, wird in Kapitel 2.2 eingegangen. Die Transportmittel und -wege können in dieser Arbeit leider nicht näher betrachtet werden.

Die Verteilung Erneuerbarer Energien muss anders betrachtet werden, denn wegen ihrer Vielfalt können einzelne Varianten (z.B. Wasserkraft) durchaus sehr ungleich verteilt sein, in ihrer Gesamtheit kann man sie aber dennoch als „heimische" – also gleichmäßiger verteilte - Energieträger bezeichnen (vgl. HENNICKE, 2007, S.13). Mit Blick auf Aspekte des Klimawandels leisten sie einen essentiellen Beitrag, denn sie vermeiden $CO_2$-Emissionen. Jedoch kann Energieversorgung nicht allein dahingegen beurteilt werden, sondern muss auch nach Aspekten wie bedarfsgerechter Versorgung, Versorgungssicherheit oder Wettbewerbsfähigkeit untersucht werden (vgl. HENNICKE, 2007, S.12).

Figur 4 zeigt die verschiedenen Arten und Nutzungsformen regenerativer Energien, die sicherlich in ihrem Potential zwischen verschiedenen Standorten differieren, allerdings nur in Kombination Risiken der Versorgungssicherheit minimieren können.

Das Beispiel Windenergie in Deutschland zeigt, dass eine Standortkonzentration von Windkraftanlagen im hierfür günstigen Norden weniger Versorgungssicherheit bietet, als ein flächenhafter Ausbau auch in ungünstigeren Gebieten (vgl. JÄGER, 2008, S.5).

| Erscheinungsformen erneuerbarer Energien | Technische Energieumwandlung | Sekundärenergie |
| --- | --- | --- |
| Biomasse | Heizkraftwerk/ Konversionsanlage | Wärme, Strom, Brennstoff |
| Wasserkraft | Wasserkraftwerk | Strom |
| Windkraft | Windkraftanlage | Strom |
| | Wellenkraftwerk | Strom |
| | Meeresströmungskraftwerk | Strom |
| | Wärmepumpe | Wärme |
| Solarstrahlung | Meereswärmekraftwerk | Strom |
| | Fotolyse | Brennstoff |
| | Photovoltaik | Strom |
| | Solarthermie | Wärme, Strom |
| Gravitation | Gezeitenkraftwerk | Strom |
| Isotopenzerfall | Geothermie | Wärme, Strom |

*Figur 4: Art und Nutzungsformen Erneuerbarer Energien. Quelle: Nach Hennicke, 2007, S.30*

## 2.2 Energieprognosen global

### 2.2.1 Angebotsorientierte Energieprognosen

Nach der Betrachtung der aktuellen Gegebenheiten bei der Energieversorgung kann nun ein Blick auf mögliche, künftige Entwicklungen geworfen werden. Dies soll aus dem Blickwinkel Nordamerikas und der Europäischen Union stellvertretend geschehen durch den „International Energy Outlook 2008" der amerikanischen Energiebehörde EIA und die „European Energy and Transport Trends to 2030" der Generaldirektion Energie der Europäischen Kommission.

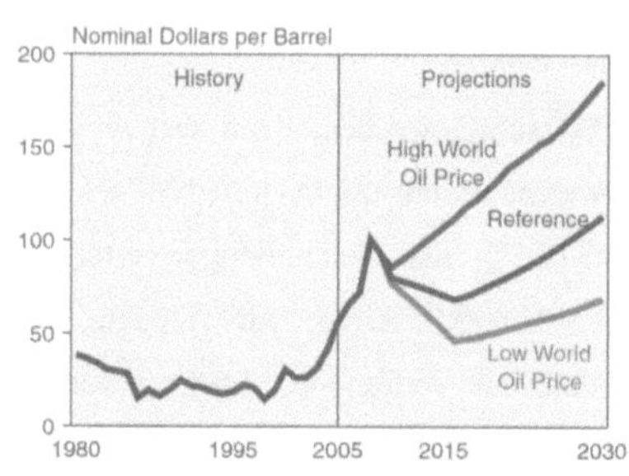


*Figur 5: Weltölpreise in Preisszenarien. Quelle: EIA, 2008, S.18*

Hauptdeterminanten und somit gleichzeitig Hauptquellen von Unsicherheiten bei Hochrechnungen sind bei den IEO2008-Prognosen die makroökonomischen Entwicklungen, Preisentwicklungen beim Erdöl und Wandel bei der Energieintensität von Volkswirtschaften (vgl. EIA, 2008, S.17ff). Mit Energieintensität wird das Verhältnis von Primärenergieverbrauch und Bruttoinlandsprodukt bezeichnet, d.h. sinkende Energieintensität zeigt Fortschritte bei der Energieeffizienz und/oder sektoralen Wandel der BIP-Anteile an (vgl. CAPROS, 2008, S.12). Um alternative Entwicklungspfade in den Rechnungen zu berücksichtigen, wurden verschiedene Szenarien neben einem sogenannten Referenzszenario generiert. Bei der wirtschaftlichen Entwicklung ist dies ein Szenario mit hohem und eines mit geringem Wachstum, wobei jeweils 0,5% zu dem Bruttoinlandsprodukt (BIP) des Referenzszenarios addiert bzw. davon subtrahiert wird. Die Preisszenarien bewegen sich zwischen hohen und geringen künftigen Preisen von Erdöl (Nominalpreise 2005, s. Figur 5). Mit der Berücksichtigung der Energieintensität wird der Tatsache Rechnung getragen, dass mit zunehmender wirtschaftlicher Entwicklung der Anteil der Ausgaben für Industrieenergieverbrauch am BIP abnehmen und eher der Tertiäre Sektor an Bedeutung gewinnen kann (vgl. HENNICKE, 2007, S.110).

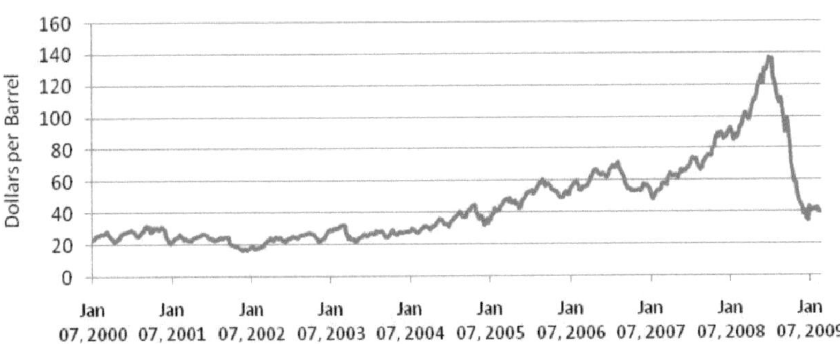


*Figur 6: Historischer Welt-Ölpreis. Datenquelle: http://tonto.eia.doe.gov/dnav/pet/hist/wtotworldw.htm*

Bis 2008 nicht berücksichtigt werden konnten der Rohstoffpreisverfall (Figur 6) und die aktuelle weltweite Finanz- und Wirtschaftskrise - beides Aspekte, die in den IEO2008-Prognosen zu den Hauptdeterminanten gehören. Der Preisverfall beim Erdöl seit Mitte 2008 bis Anfang 2009 (s. Figur 6) unterbietet sogar das Niedrigpreisszenario des IEO2008. Dies hat jedoch nur einen geringen Effekt auf den absoluten Energieverbrauch zum Ende des Prognosezeitraums 2030, einen großen Effekt jedoch auf den „Energiemix" (EIA, 2008, S.18). Flüssigbrennstoffe (Erdöl, Ethanol, Biodiesel, verflüssigte Kohle, verflüssigtes Gas, Flüssigwasserstoff und auch Erdölkoks, vgl. EIA, 2008, S.1), Kohle, Erdgas, Erneuerbare Energien und Kernenergie können zum Teil untereinander substituiert werden. Ein wichtiger Faktor hierfür ist der Preis der einzelnen Energieträger. Von der Höhe des Ölpreises beispielsweise wird zum einen der künftige Umfang der Produktion nicht-konventioneller Flüssigbrennstoffe erheblich mitbestimmt. Figur 7 macht die Produktionsschwankungen deutlich, die durch abweichende Ölpreisentwicklungen vom Referenzszenario entstehen können. Zum anderen bestimmt der Ölpreis die Substitution von Öl durch die übrigen Energieträger.

Ein künftig hoher Ölpreis kann den Verbrauch von Öl und Gas verringern und den Verbrauch von Kohle, Kernbrennstoffen und Erneuerbaren Energien vergrößern. Ein künftig niedriger Ölpreis kann dem gegensätzlich zu höherem Verbrauch von Öl und Gas führen, deren Substitution durch andere Energieträger hemmen und damit zu geringfügig niedrigerem Kohleverbrauch und stagnierendem Verbrauch bei Kern- und Erneuerbarer Energie führen (EIA, 2008, S.18). Vorhersagen zum künftigen Preiskorridor von Öl unterliegen, wie Figur 5&6 veranschaulichen, großen Unsicherheiten.

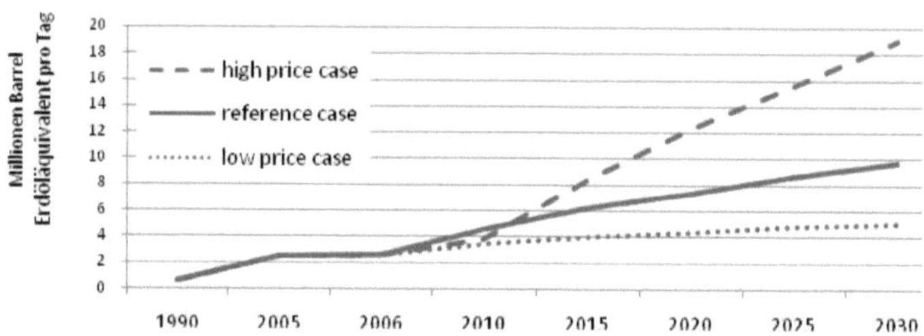


*Figur 7: Weltweite Produktion unkonventioneller Flüssigbrennstoffe und Ölpreisprognosen. Eigene Darstellung. Datenquelle: EIA, 2008, Tabellen G3, G6, G9*

Einen noch größeren Effekt als die Preisentwicklung auf den absoluten Energieverbrauch hat in dem IEO2008 jedoch die wirtschaftliche Entwicklung, denn zwischen den Szenarios hohen und geringen Wachstums schwankt der weltweite Energieverbrauch in 2030 um jeweils 10% um den des Referenzszenarios (vgl. EIA, 2008, S.17).

Angesichts der aktuellen Weltwirtschaftskrise muss der IEO2008 und seine Prognosen kritisch betrachtet werden, da sich die Rahmenbedingungen vielleicht nicht mehr im Korridor des Szenarios niedrigen Wirtschaftswachstums bewegen, sondern durch anhaltende Rezession eher unterhalb dieses Szenarios liegen könnten. Durch einen weltweiten Rückgang der Nachfrage nach Industriegütern werden Produktion und Transport abnehmen, was zu einer Verringerung des Energieverbrauchs und somit von Treibhausgasen führt (vgl. ABBOUD,

2009, S.10).

Die Hauptdeterminanten in dem „baseline scenario" der Generaldirektion Energie und Verkehr der Europäischen Kommission sind weiter gefasst als die des IEO2008. Es werden Annahmen über Wirtschaftswachstum, Bevölkerungsentwicklung, Weltenergiepreise, Technologie und die Öffentliche Ordnung gemacht. Ebenfalls werden analog dem IEO2008 aktuelle Trends und politische, rechtskräftige Entscheidungen übernommen und ohne diese zu ändern bis ins Jahr 2030 fortgeschrieben (vgl. CAPROS, 2008, S.19).

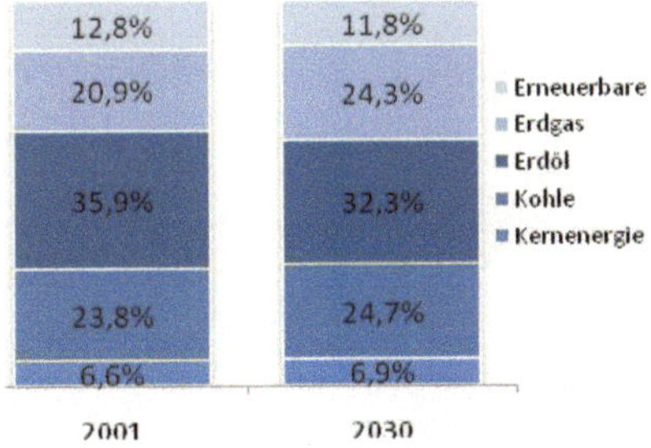


*Figur 8: Anteile am weltweiten Energiemix. Eigene Darstellung. Datenquelle: Capros, 2008, S.26*

Allerdings existieren keine alternativen Szenarien wie im IEO2008, was die quantitativen Auswirkungen veränderter Rahmenbedingungen offen lässt. Wechselwirkungen der künftigen Energieversorgung mit dem Klimawandel und geopolitische Risiken werden bewusst nicht betrachtet (vgl. CAPROS, 2008, S.19). Dessen ungeachtet ergeben sich wichtige Erkenntnisse zur künftigen räumlichen Verteilung und zur Struktur von Angebot und Nachfrage.

Über die Änderungen der räumlichen Verteilung der Produktion von Öl, Gas und Kohle gibt Figur 9 Auskunft. Die bereits in Kapitel 2.1 erwähnte „Strategische Ellipse" wird nach den Hochrechnungen im „baseline szenario" ihre Marktanteile bei der Erdölproduktion von 41,8% in 2001 auf 58,8% in 2030 und bei der Erdgasproduktion von 36,6% in 2001 auf 44,1% erhöhen können. Zu weniger starken Veränderungen der Anteile wird es bei der Kohleproduktion kommen, da Kohlevorkommen weltweit gleichmäßiger verteilt sind. Hier sticht jedoch die Zunahme in Asien um 9,2% heraus, was hauptsächlich auf Chinas Produktion zurückzuführen sein wird. Die Struktur des künftigen Energieverbrauchs nach Energieträgern wird sich kaum verschieben (s. Figur 8), der absolute Primärenergieverbrauch jedoch von 2010 bis 2030 um ca. 36% auf ca. 17 MrdTOE zunehmen, was einen Anstieg der $CO_2$-Emissionen auf 40417 $MtCO_2$, d.h. ca. 33% mehr als 2010 zur Folge haben würde (vgl. CAPROS, 2008, S.26).

Die wesentlichen Aussagen angebotsorientierter Energieprognosen sind:

- Erneuerbare Energien werden global eine Nebenrolle spielen.

- Der Preis und die wirtschaftliche Entwicklung haben einen großen Einfluss auf den Energiemix.

- Es wird zu weiterer räumlicher Konzentration konventioneller Rohstoffe kommen.

Allerdings wurden in den Prognosen weitere Klimainitiativen explizit ausgeschlossen, was die ersten beiden Punkte relativiert.

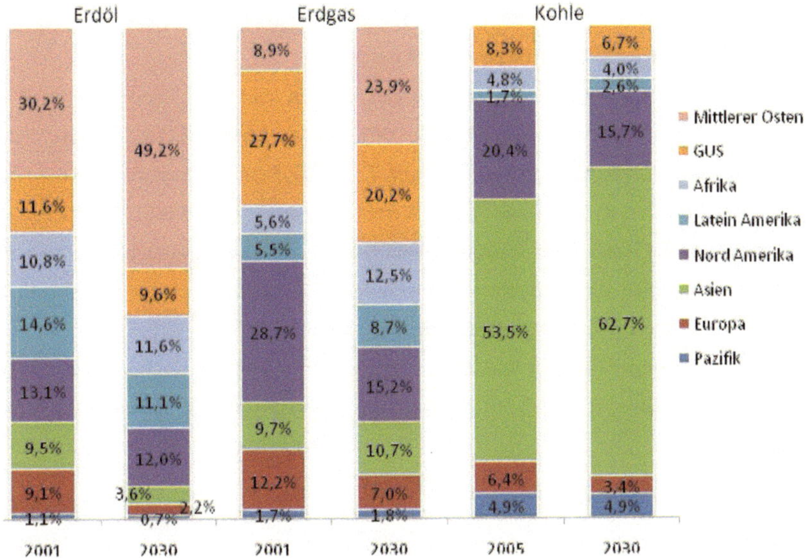


*Figur 9: Veränderungen der Anteile der Weltproduktion nach Regionen im Referenzszenario (CAPROS) und Baseline Scenario (EIA). Eigene Darstellung. Datenquelle Erdöl & Erdgas: Capros, 2008, S.29. Datenquelle Kohle: EIA, 2008, S.62.*

## 2.2.2 Nachfrageorientierte Energieprognosen

Äußerst kritisch zu bewerten ist das beinahe deterministische Verharren an bisherigen Entwicklungen der Energienachfrage, wie dies in den obigen „angebotsorientierten" Energieprognosen (vgl. HENNICKE, 2007, S.98) gepflegt wird. Auch der Zusammenhang von Energieverbrauch und Wirtschaftswachstum wird für untrennbar und einseitig gehalten, d.h. Wirtschaftswachstum ohne steigenden absoluten Energieverbrauch scheint dort unwahrscheinlich (vgl. Kap. 2.2.1).

Einen anderen Ansatz verfolgen „nachfrageorientierte" Energieprognosen (vgl. HENNICKE, 2007, S.98). Die wichtigsten Unterschiede zu ersteren werden aus dem Blickwinkel der Regulationstheorie (vgl. KULKE, 2006, S.96) sichtbar. Verbraucher und staatliche Behörden sind demnach nicht so passiv, wie dies beispielsweise die Prognosen der EIA vorgeben, denn diese Akteure können zweierlei bewirken: Zum einen können sie zu einer Steigerung der Energieeffizienz beitragen und somit eine Ausweitung der Energieproduktion im Ausmaß der EIA-Prognosen überflüssig machen (vgl. HENNICKE, 2007, S.101). Zum anderen können sie dadurch eine Trennung von Energieverbrauch und wirtschaftlicher Entwicklung bewirken (vgl. HENNICKE, 2007, S.101). Zusammen mit einer Ausweitung Erneuerbarer Energien kann somit zumindest ein Einpendeln von Treibhausgasemissionen in einem „tolerierbaren Fenster" (HENNICKE, 2007, S.105) erreicht werden.

Beispiele von eher nachfrageorientierten Energieszenarien sind das „Faktor-Vier" und das „WBGU/IPCC" Szenario (vgl. HENNICKE, 2007, S.104). Der deutlichste Unterschied zu angebotsorientierten Energieprognosen (s. Figur 2) ist die Berücksichtigung von Effizienzsteigerung zu höheren als den bisherigen Werten (bisher: 1%pa, WBGU/IPCC: 1,6%pa, Faktor-Vier: 2%pa). Genau diese Steigerung kann von Staats- und Verbraucherseite induziert werden. Bis zum Ende dieses Jahrhunderts könnten also zwischen einem Drittel und der Hälfte des PEV durch Effizienzsteigerung eingespart werden.

Nachdem nun die gegenwärtigen und möglichen Szenarien zukünftiger Energieversorgung betrachtet wurden, muss der Blick auf den globalen und regionalen Klimawandel gewendet werden.


## 3. Klimawandel

Der Klimawandel wird von dem Weltklimarat (=Intergovernmental Panel on Climate Change) wie folgt definiert: *"Climate change refers to a change in the state of the climate that can be identified (e.g., by using statistical tests) by changes in the mean and/or the variability of its properties, and that persists for an extended period, typically decades or longer." (IPCC, 2007a,S.943)*

Veränderungen des Klimas beziehen sich also auf dessen Zustand, wobei Klimawandel durch Änderungen des Durchschnitts und/oder der Schwankungen von klimatischen Eigenschaften (z.B. Temperatur) angezeigt werden kann. Diese Änderungen müssen außerdem für einen längeren Zeitraum (mindestens Jahrzehnte) anhalten. Dabei kann noch ursächlich unterschieden werden zwischen natürlichem und anthropogenem Klimawandel (vgl. IPCC, 2007b, S.943), wobei an dieser Stelle nur der letztere betrachtet werden soll, da er der Hauptfaktor im Klimawandel des 21. Jahrhunderts sein wird (vgl. IPCC, 2007a, S.6).


## 3.1 Anthropogener Klimawandel global

### 3.1.1 Ursachen des Klimawandels

Hauptverantwortlich für die globale Erwärmung sind die anthropogenen, ansteigenden Konzentrationen von Treibhausgasen in der Atmosphäre, wobei Kohlendioxid ($CO_2$), Methan ($CH_4$) und Distickstoffmonoxid ($N_2O$) die wichtigsten sind (vgl. IPCC, 2007a, S.5). Der $CO_2$-

Anstieg ist verursacht durch den Konsum fossiler Brennstoffe und Landnutzungsänderungen, der CH$_4$-Anstieg durch die Landwirtschaft und ebenfalls Konsum fossiler Brennstoffe und der N$_2$O-Anstieg durch die Landwirtschaft (IPCC, 2007a, S.5).

Wie Figur 8 veranschaulicht, werden sich die Anteile im Energiemix (Referenzszenario ohne Klimawandel) kaum verändern und die absoluten Emissionen von Treibhausgasen weiter zunehmen. Der Trend, der in Figur 11 (a) erkennbar ist, würde sich fortsetzen.

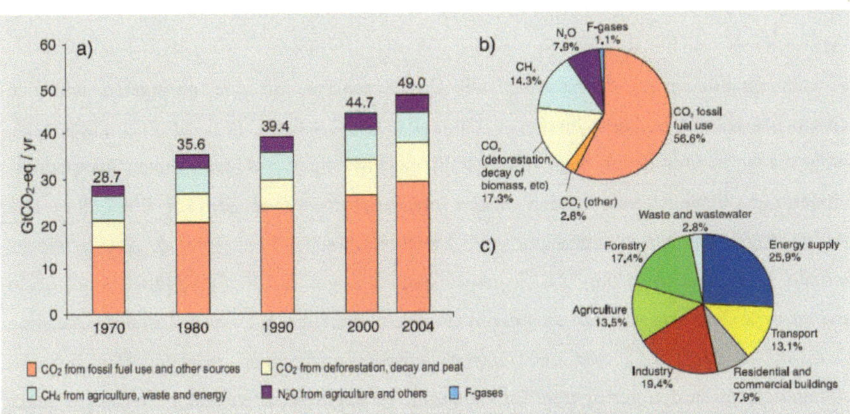


Figur 10: Globale anthropogene Treibhausgasemissionen 2004. (a) Jährliche globale Emissionen in CO$_2$-Äquivalent. (b) Anteile von Treibhausgasen an Gesamtemissionen in CO$_2$-Äquivalent. (c) Anteile von Sektoren an anthropogenen Treibhausgasen in CO$_2$-Äquivalent. Quelle: IPCC, 2007a, S.5.

Hauptemittenten von Treibhausgasen können in Figur 11 c) identifiziert werden. An dieser Stelle interessieren v.a. die Emissionen von CO$_2$ und CH$_4$, da sie mit der „Prozesskette" Energie - wie folgt - in Verbindung stehen. Der Anteil des Energiesektors an den CH$_4$-Emissionen beträgt ca. 1/3
(vgl. IPCC, 2007d, S.4). Von den 49 Gigatonnen Emissionen CO$_2$-Äquivalent in 2004 gehen also 61,4%  (nach Figur 11 (b)) auf den Verbrauch fossiler Brennstoffe zurück, was den Gesamtemissionen von Energieproduktion, -transport und –verbrauch entspricht. Auch die Addition der Anteile von „Energy supply, Transport, residential and commercial buildings, Industry" (Figur 11c)) kommt mit 66,3% zu vergleichbarer Größenordnung.

### 3.1.2 Folgen des Klimawandels

Um die Folgen des Klimawandels einzuordnen, ist das sogenannte „burning embers“ Diagramm (s. Figur 11) hilfreich, denn es stellt den Zusammenhang zwischen einem Anstieg der globalen Durchschnittstemperatur (2100 zu 1990) und den Wahrscheinlichkeiten und Ausprägungen möglicher Risiken für die Menschheit dar. Es basiert auf den Szenarien des Special Report on Emissions Scenarios des IPCC (vgl. BMVBS, 2007, S.12), welche komplexe „Szenarienfamilien“ unterschiedlicher Kombinationen wirtschaftlicher, demographischer und technologischer Entwicklungen, sowie unterschiedlicher räumlicher Integration berücksichtigen, bewusst aber keine weiteren Klimainitiativen (vgl. IPCC, 2007b, S.18).

Die wahrscheinlichen Temperaturintervalle der Szenarien mit den geringsten und den höchsten Emissionen betragen hierbei 1,1°C-2,9°C und 2,4-6,4°C (vgl. SMITH, 2009, S.2). Sowohl die weltweiten Emissionen, als auch die gegenwärtigen, aufgezeichneten Temperaturveränderungen bewegen sich an den oberen Intervallgrenzen (vgl. SMITH, 2009, S.2). Die Farbübergänge stellen Andeutungen der Eintrittswahrscheinlichkeit und des Schadens innerhalb einer Kategorie dar, d.h. je enger und niedriger die Farbübergänge sind, desto schneller verändern und erhöhen sich die Wahrscheinlichkeiten mit einem Temperaturanstieg (vgl. SMITH, 2009, S.3). Seit 2001 haben weitere Forschungen ergeben, dass sich die Risikoübergänge zu den geringeren Temperaturen verschoben haben und sie teilweise enger wurden. Dies ist in der rechten Hälfte der Figur 11 zu sehen.

Innerhalb der Kategorien des Diagramms *"Risk to Unique and Threatened Systems"* (1), *"Risk of Extreme Weather Conditions"* (2), *"Distribution of Impacts"* (3) , *"Aggregate Impacts"* (4), *"Risks of Large Scale Discontinuities"* (5) werden die Folgen des Klimawandels hauptsächlich spürbar sein. Risiken durch Temperaturanstieg in Kategorie (1) betreffen die Bedrohung oder den Verlust von Korallenriffen, Tierarten, kleineren Inseln etc., in Kategorie (2) die Häufigkeit und das Ausmaß von Hitzewellen, Überflutungen, Dürren, Buschbränden, Stürmen etc., in Kategorie (3) die regionale Verteilung, positive oder negative Bewertung der Folgen und regionale Anpassungsfähigkeiten an z.B. Extremwetterereignisse, in Kategorie (4) die zusammenfassende monetäre Bewertung (soweit möglich, z.B. ohne gesundheitliche Folgen für Menschen) und in Kategorie (5) großräumige Änderungen im Klimasystem wie z.B. das Abschmelzen grönländischen Inlandeises (vgl., 2009, S.2-5). Inwieweit es zu Wechselwirkungen der einzelnen Kategorien mit Fragen der Energie kommen kann, wird in Kap 4 diskutiert.

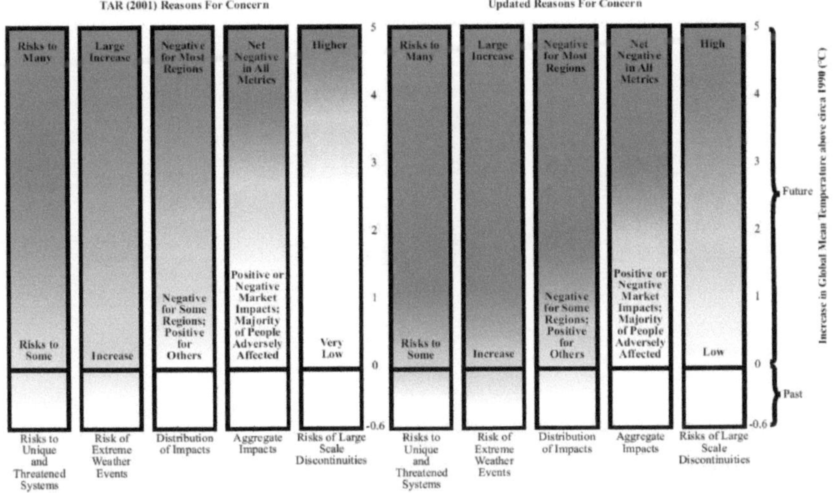


*Figur 11: Gründe zur Besorgnis – Das „burning embers"- Diagramm. Quelle: Smith, 2009, S.2 nach IPCC, 2007c*

Nicht für sich alleine, aber in Kombination mit den Aussagen des „burning embers" Diagrammes kann nach Figur 12 eine Zunahme extremer Wetterereignisse ursächlich dem Klimawandel zugeschrieben werden. Hinter der Zunahme der hier dargestellten Katastrophen (geophysikalische Ereignisse hier irrelevant) können sich Zunahmen bei der allgemeinen Versicherungsquote oder auch Bevölkerungswachstum in betroffenen Regionen verbergen. Dass auch die Kosten bzw. Verluste durch katastrophale Wetterereignisse stark angestiegen sind, belegt Munasinghe (2005, S.220). Hiernach sind die wirtschaftlichen Verluste durch wetterbedingte und übrige extreme Naturereignisse zwischen den 1950er und den 1990er Jahren etwa um den Faktor 10 auf ca. 400 Mrd. US Dollar (Preise von 1999) angestiegen und etwa ein Drittel dieses Wertes war versichert.

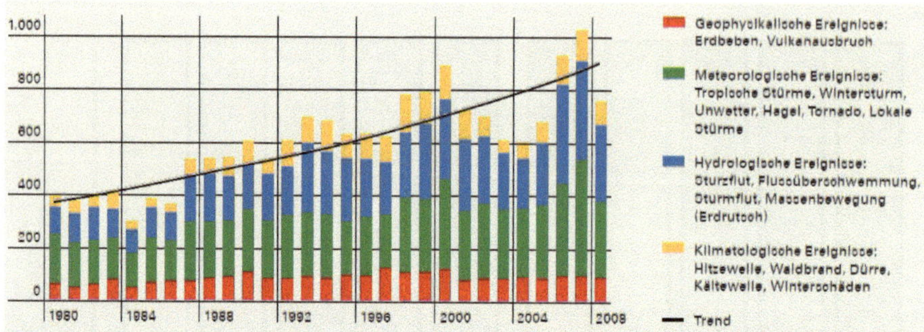


*Figur 12: Anzahl von Naturkatastrophen 1980-2008. Quelle: Münchener Rück, 2009, S.35*

## 3.2 Regionaler Klimawandel in Deutschland

*„Difficulties remain in simulating and attributing observed temperature changes at smaller than continental scale." (IPCC, 2007a, S.5)*

Die globalen Klimamodelle können also nicht ohne Weiteres auf größere als kontinentale Maßstäbe, die einzelne Regionen oder Nationen betrachten würden, angewandt werden. Technische Grenzen (Rechenleistung, Speicherkapazität) schränken die räumliche Auflösung und den „physikalischen Gehalt" der Modelle noch soweit ein, dass regionale Klimaprojektionen, sowie deren Folgen und Anpassungen daran noch mit zu großen Unsicherheiten behaftet sind (vgl. BMVBS, 2007, S.37).

Diese Unsicherheiten resultieren aus technologischen Grenzen (Rechnerleistung), Ausklammern von Veränderungen bei der Flächennutzung, Übertragung von Unsicherheiten von kleinmaßstäbigen auf großmaßstäbigere Modelle (s. Figur 13) und dem statistischen „Downscaling"-Verfahren (BMVBS, 2007, S.37).

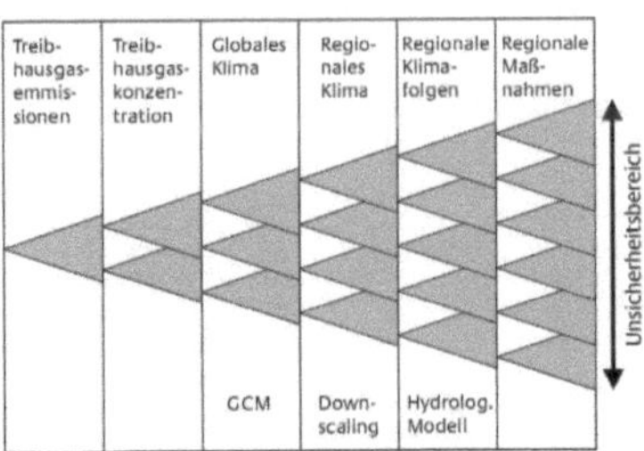



*Figur 13: Übertragung von Unsicherheiten. Quelle: BMVBS, 2007, S.41*

Konkreten politischen Handlungsbedarf konnten regionale Klimamodelle bisher nicht rechtfertigen (vgl. BMVBS, 2007, S.20), dennoch soll hier als Beispiel das Klimamodell REMO (Regional Modell) und seine Ergebnisse betrachtet werden, da es die oben erwähnten Emissionsszenarien nutzt und es mittlerweile hochauflösend ist, sowie die technologische Weiterentwicklung bei Computern zwangsläufig zu einer Verbesserung der Modellergebnisse führen wird (vgl. LUBW, 2006, S.12). So hat REMO mittlerweile eine räumliche Auflösung von 10km, welche nun sogar Einzugsgebiete von Flüssen verorten lässt.

REMO basiert auf Emissionsszenarien des IPCC, die je geringe, mittlere und starke künftige Zunahme der Emissionsraten abbilden (vgl. JACOB, 2007, S.10). Das Modell wird dabei in ein globales Klimamodell (hier ECHAM5/MPI-OM) „genestet", d.h. dass die Parameter des globalen Klimamodells (Temperatur, Luftdruck, Wind, Luftfeuchtigkeit) für das Regionale Klimamodell verwendet werden und dieses dann eine bessere räumliche Auflösung erreicht (vgl. LUBW, 2006, S.18). Durch die Grenzen der betrachteten Region des Regionalmodells strömen also Luftmassen mit bestimmten Merkmalen (Temperatur, Luftdruck, Wind, Luftfeuchtigkeit), welche aus den Klimamodellen errechnet werden. Während der Berechnungen der künftigen, regionalen Klimawerte durch das Regionalmodell ändern sich die grenzüberschreitenden Luftmassen, da sie weiterhin vom globalen Modell errechnet werden. Somit sind die regionalen Klimaszenarien immer mit den globalen verbunden, jedoch besser räumlich aufgelöst (vgl. UBA, 2008a, S.23).

Ergebnisse der REMO-Szenarien (s. Figur 16&17) für Deutschland im ausgehenden 21. Jahrhundert sind regional verschiedene Änderungen der Mittelwerte von Jahrestemperatur (bis zu 4°C) und Niederschlag (winterliche Zunahme, sommerlicher Rückgang), wobei Süddeutschland den größten Niederschlagsrückgang (bis -30%) und die größte Temperatur-zunahme zu erwarten hätte (vgl. JACOB, 2007, S.10). Der Temperaturanstieg kann durch jahreszeitlich früher einsetzende Schneeschmelze und durch Niederschlag als Regen statt

Schnee zur Veränderung von nivalen Abflussregimen führen. Dies kann wiederum Auswirkungen auf die Binnenschifffahrt haben (s. Kap. 4.2).

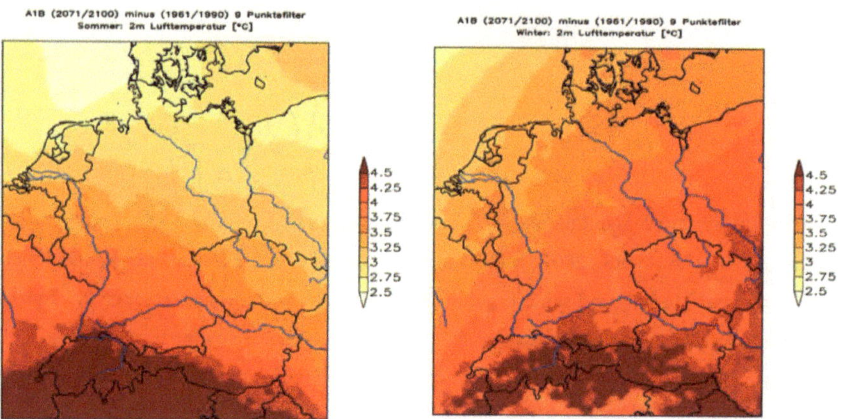

*Figur 14: Relative Temperaturveränderung im Sommer (links) und im Winter (rechts) für die Jahre 2071-2100 gegenüber dem Vergleichszeitraum 1961-1990 unter der Annahme des A1B-Szenarios. Quelle: Jacob, 2007, S.11*

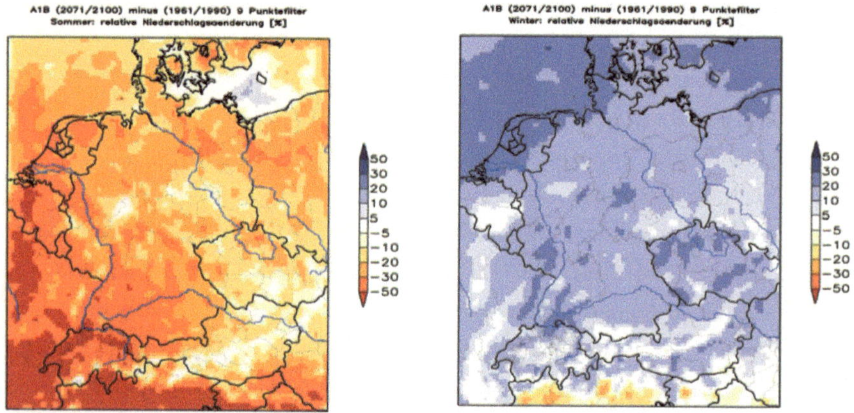

*Figur 15: Relative Niederschlagsänderung im Sommer (links) und im Winter (rechts) für die Jahre 2071-2100 gegenüber dem Vergleichszeitraum 1961-1990 unter der Annahme des A1B-Szenarios. Quelle: UBA, 2008b, S.126&128*

## 4. Einflüsse des Klimawandels auf die Energieversorgung

Eine Richtung des Wirkungskanals vom Energiesektor über die Emissionen von Treibhausgasen auf das Klima ist eingehender als die entgegengesetzte Richtung über Temperaturanstieg vom Klima auf die „Prozesskette" Energie (s. Figur 1). Mögliche Effekte auf

Energieproduktion, -transport und -verbrauch sollen an einzelnen Beispielen diskutiert werden.

Zuvor sollte jedoch diese Betrachtung in ihrer weltweiten Bedeutung für die Menschheit relativiert werden. Allein in den Jahren 2000-2005 starben über 100.000 Menschen durch extreme Wetterereignisse wie Dürren, Hitzewellen, Überschwemmungen, Erdrutsche und Stürme (vgl. DOW, 2006, S.26). Gemäß dem „burning embers" Diagramm (s. Kap. 2.1) werden solche Ereignisse künftig wahrscheinlich noch häufiger eintreten und somit zu Schäden an breiter sozio-ökonomischer, gesundheitlicher, kultureller und ökologischer Front führen, statt sich nur auf den Energiesektor zu beschränken (vgl. DOW, 2006, S.53ff).

## 4.1 Einflüsse auf die Energieproduktion

Es sollen Einflüsse des Klimawandels auf die Produktion von Energie in Form von Produktionsdrosselung/-ausfall zunächst am Beispiel Kühlwasserbeschränkungen von thermischen Kraftwerken, Wasserkraftwerken und schließlich an weiteren Beispielen dargestellt werden.

Die Leistung thermaler Kraftwerke kann wegen staatlicher Auflagen gedrosselt werden, denn diese berücksichtigen die Temperaturen von Flüssen, in die nach dem Kühlprozess erwärmtes Brauchwasser zurückfließt. In den Sommermonaten, bei ohnehin relativ hohen Wassertemperaturen, können kritische Werte leichter erreicht werden. Kraftwerke könnten jedoch durchaus ihre volle Leistung aufrecht erhalten, selbst wenn dabei vorgegebene Grenzwerte überschritten würden. Die quasi erzwungene Produktionsdrosselung wird durch ökologische Aspekte gerechtfertigt, denn die Wassertemperatur beeinflusst direkt die Photosyntheseleistung, andere Voraussetzungen eines geeigneten Lebensraums für Pflanzen- und Tierarten, sowie indirekt die chemische Zusammensetzung in Flüssen (vgl. WWF, 2009, S.6). Bestimmende Faktoren für die Temperatur von Fließgewässern sind neben Einflüssen des Menschen, Abflussbildung, sowie Wärmeaustausch zwischen Wasser und Umgebung (vgl. WWF, 2009, S.7ff). Genaue Daten über die Grenzwerte der Flusstemperaturen und Zwischenfälle, bei denen diese erreicht bzw. überschritten wurden, sind jedoch seit der Liberalisierung auf dem Strommarkt relevant für den Wettbewerb zwischen Stromanbietern und bleiben daher unternehmensintern (vgl. ROTHSTEIN et al., 2008, S.556). Neben der Leistungsdrosselung durch obige Grenzwerte kann es bei thermischen Kraftwerken durch eine Abnahme der Unterschiede „zwischen der Dampf-Eintritts- und der Dampf-Austritts-Temperatur vor und nach der Turbine" (ROTHSTEIN et al., 2008, S.557), also zu einer Verringerung des Wirkungsgrades kommen. Steigen also die Wassertemperaturen, so verringert sich der Wirkungsgrad von thermischen Kraftwerken. Hierbei ist aber anzumerken, dass sich die jahreszeitlichen Unterschiede der Wassertemperaturen sehr viel deutlicher bemerkbar machen als die eben beschriebenen (vgl. ROTHSTEIN et al., 2008, S.557).

Dem Klimawandel zugeschrieben werden kann ein bereits beobachteter Anstieg der mittleren Wassertemperaturen europäischer Flüsse um ca. 1°C im 20.Jhd. (vgl. WWF, 2009, S.14). Eine weitere Zunahme von 1-2°C bis zur Mitte dieses Jahrhunderts wird von verschiedenen Prognosen erwartet (vgl. WWF, 2009, S.19). Bis zu einer gewissen Breite von Flussläufen können zwar deren Wassertemperaturen durch Uferbewaldung und deren Schattenwurf gekühlt werden (vgl. WWF, 2009, S.8). Für Kraftwerksstandorte an sehr breiten Flüssen, wie z.B. dem Rhein, scheint dies aber unpassend.

Die Stromproduktion in Wasserkraftwerken und thermischen Kraftwerken kann durch verringerten Abfluss abnehmen (teilweise sogar komplett wegfallen), was - wie in Kap. 4.2 gezeigt wird - künftig häufiger vorkommen und länger andauern kann. So ging z.B. wegen einer Dürre 1991-1992 die Produktion der Talsperre Kariba, die Sambia und Simbabwe versorgt, um 30% zurück (vgl. HARDY, 2003, S.158). Für weniger humide Klimazonen könnte also das Potential der Stromerzeugung aus Wasserkraft abnehmen. In Deutschland bestehen jedoch auch beim Niedrigwasser staatliche Auflagen, die eine weitere Entnahme von Wasser beschränken. D.h. auch hier könnte wie bei den Temperaturgrenzwerten rein technisch die Leistung aufrecht gehalten werden. Allerdings hängt die Anfälligkeit durch Niedrigwasser von der Größe der Flüsse ab, denn beispielsweise am Rhein sind die Abflüsse selbst bei Niedrigwasser ausreichend (vgl. ROTHSTEIN et al., 2008, S.558).

Von Hochwasser ist die Stromproduktion weniger betroffen, da v.a. Wasserkraftwerke mit steigendem Abfluss bis zu standort- und anlagenspezifischen Grenzen mehr produzieren können.

Weitere lokale Beeinträchtigung könnte die Energieproduktion durch Biomasse erfahren, da klimatische Veränderungen auch bei land- und forstwirtschaftlicher Produktivität greifen können (vgl. HARDY, 2003, S.158) und dies eher weniger entwickelte Regionen betreffen würde. So decken ca. 2,4 Mrd. Menschen heute ihren Heiz- und Kochbedarf durch „traditionelle" Biomasse (vgl. HARMELING, 2008, S.15), die zum Vergleich in Deutschland (inkl. Pellets) 2007 nur ca. 2,3% zum PEV beitrug.

Ein künftiger Bedeutungsgewinn der Windenergie bei der Stromerzeugung, um zum Klimaschutz beizutragen, birgt gewisse Risiken der Versorgungssicherheit in sich. Wegen der räumlichen und zeitlichen Abhängigkeit vom Windangebot bieten Windkraftanlagen keine konstante Grundleistung, sondern können stark schwanken. Falls andere Kraftwerke ausfallen, Windgeschwindigkeiten abnehmen oder bis zur Abschaltung von Anlagen zunehmen, kann es zu Versorgungsausfällen kommen (vgl. JÄGER, 2008, S.1). Außerdem nimmt mit der Schwankung das Substitutionspotential konventioneller Kraftwerke durch Windkraftanlagen ab, kann bei unvorteilhafter regionaler Verteilung der Standorte sogar komplett wegfallen (vgl. JÄGER, 2008, S.2).

Ein weiteres Beispiel liefert die nicht-konventionelle Ölsandindustrie in Kanada, die durch geringere Abflüsse des Athabasca River, die durch einen globalen Temperaturanstieg weiter abnehmen könnten, beeinträchtigt wird (vgl. GERLOFF, 2008, S.46).


## 4.2 Einflüsse auf den Energietransport

Unter Energietransport wird hier der Transport von Energieträgern (fossile Brennstoffe, Strom) vom Anbieter zum Verbraucher verstanden. Abgewickelt wird er über See- und Binnenschifffahrt, Pipelines und Stromleitungen, die auf unterschiedliche Weise von den Folgen des Klimawandels betroffen sein können.

Die Schifffahrt und ihre Wasserstraßen in Deutschland dienen als Beispiel, denn hier könnten Risiken bei der Versorgung mit Rohstoffen für konventionelle Kraftwerke bestehen (vgl. UBA, 2008b, S.2). Für Wasserstraßen könnten außerdem veränderte Kosten von Betrieb, Unterhalt und Ausbau durch Änderungen in der Atmosphäre, dem Meer und den Flusseinzugsgebieten entstehen (vgl. BMVBS, 2007, S.21). Von staatlicher Seite wurden Forschungsergebnisse bis 2007 als zu unsicher eingestuft, „um daraus konkrete politische Maßnahmen oder gar Investitionsmaßnahmen als Anpassungsoptionen einzuleiten" (vgl. BMVBS, 2007, S.20). Daher sollen bereits beobachtete Veränderungen zunächst bei der Binnenschifffahrt beschrieben werden. Figur 16 stellt Veränderungen der langjährigen Monatsmittelwerte von Pegelständen in Köln dar. Der mittlere Abfluss im Winter und im Frühjahr hat hiernach zugenommen, der Abfluss im Herbst blieb auf gleichem Umfang. Der Tiefstand jedoch hat sich von Oktober nach September vorverlagert (vgl. BMVBS, 2007, S.32). Bisher wurde also lediglich eine zeitliche Verlagerung beobachtet, jedoch keine zeitliche Ausdehnung der Sommertiefstände, was die Wasserstraßen stärker beeinträchtigen würde. Es sind allerdings Anzeichen zu letzterem vorhanden, denn eine globale Erwärmung könnte die „Pufferwirkung" alpinen Schnees mindern, die Winterabflüsse erhöhen und die Sommerabflüsse verringern (vgl. BMVBS, 2007, S. 32).

Ab Unterschreiten eines bestimmen Pegelstandes können in der Binnenschifffahrt Verluste entstehen, da die Transportkapazitäten dann wegen Rücksichtnahme auf Tiefgang der Schiffe nicht völlig ausgenutzt werden könnten. Aggregiert auf die Binnenschifffahrt bei Kaub am

Rhein entstanden von 1986 bis 2004 Verluste in Höhe von ca. 540 Mio. Euro – Kosten, die natürlich nicht allein für den Energiesektor anfallen.

Das Auftreten von Niedrigwasser (<150cm) im letzten Jahrzehnt wurde – wie aus Figur 17 ersichtlich wird – jedoch seltener. Würde dieser Trend künftig anhalten, so wäre dieser Effekt des Klimawandels durchaus positiv für die Schifffahrt zu bewerten. Gegensätzlich würde sich die Gefahr häufigerer mittlerer Hochwässer auswirken, da durch sie die Versorgung mit Rohstoffen (v.a. Steinkohle) für thermische Kraftwerke öfter verzögert oder auf den teureren Verkehrsträger Schiene umgelagert werden müsste (vgl. ROTHSTEIN, et al., 2008, S.559f). Ob solche Versorgungslücken durch eine Ausweitung von Lagerkapazitäten kompensiert werden könnte, müsste an einzelnen Standorten betrachtet werden. Für Einzugsgebiete außerhalb der Alpen wie z.B. des Mains bei Würzburg  kann es künftig allerdings auch zu ganzjähriger Zunahme der Abflussmittelwerte kommen (vgl. BMVBS, 2007, S.32). Mögliche negative Entwicklungen - nicht nur für die Binnenschifffahrt - könnten also langanhaltende niedrige Wasserstände und stärkere Hochwasserereignisse sein (vgl. BMVBS, 2007, S.32). Ähnlich unklar sind die Folgen des Klimawandels für die Seeschifffahrt.

Positive Entwicklungen, wie z.B. eine ganzjährig eisfreie Nordwest- und Nordostpassage oder eine Bedienung von Schiffen größeren Tiefgangs an Seehäfen durch einen Meeres-spiegelanstieg, könnten eintreten (vgl. BMVBS, 2007, S.23ff). Beides würde die Transport-kosten schiffbarer Energieträger (Öl, Gas, Hartkohle) reduzieren, denn Transportwege würden sich verkürzen und Transportkapazitäten zunehmen. Sofern sich derartige Ersparnisse im Endpreis widerspiegeln, könnte dies die Wettbewerbsposition konventioneller Energieträger stärken. Negative Entwicklungen könnten allerdings Gefahren durch mehr Eisberge auf Schifffahrtswegen, Gefahren für „off-shore" Anlagen wie Windkraftwerke oder Öl-/Gasplattformen oder Gefahren für Küsten- und Hafenanlagen durch erhöhte Küstenerosion sein (vgl. BMVBS, 2007, S.25). Risiken für Stromleitungen können entstehen durch bekannte Wetterereignisse (Blitze, Gewitter, Stürme, Eislasten) (UBA, 2008a, S.2), die allerdings durch den Klimawandel häufiger und teils stärker auftreten können (s. Kap. 3.1.2).

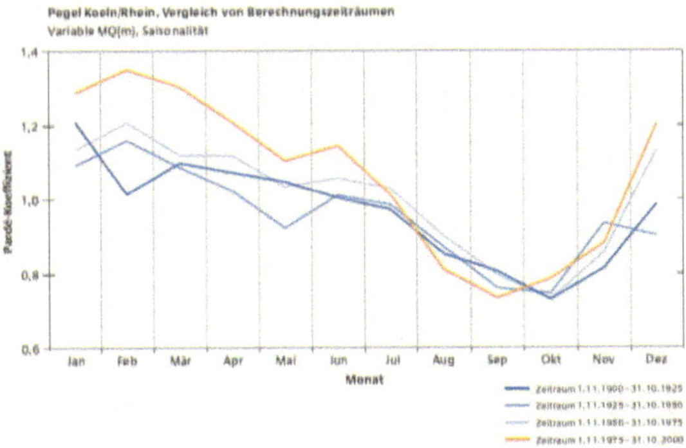


*Figur 16: Verhältnis mittlerer Monatsabflüsse vergangener Perioden zum mittleren Jahresabfluss 1901-2000 am Pegel Köln/Rhein. Quelle: BMVBS, 2007, S.31*

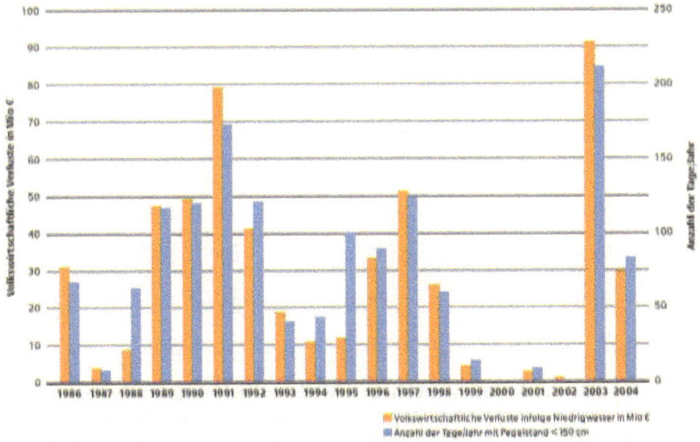


*Figur 17: Volkswirtschaftliche Verluste beim Gütertransport über Kaub/Rhein durch geringe Wasserstände zwischen 1986-2004 (linke Achse) im Vergleich zur jährlichen Anzahl von Tagen mit Pegelständen <150cm am Pegel Kaub (rechte Achse). Quelle: BMVBS, 2007, S.30*

## 4.3 Einflüsse auf den Energieverbrauch

### 4.3.1 Einflüsse auf die Menge

Aufgrund der breiten Auswirkungen des Klimawandels auf die menschliche Gesellschaft werden auch Faktoren, welche die Migration bestimmen, verändert und teils bestehende verstärkt. Es ist naheliegend, dass die Energienachfrage mit der Anzahl der Verbraucher positiv korreliert und dass daher auch Wanderungsbewegungen betrachtet werden müssen. Folgen eines sich verändernden Klimas werden wohl nicht die einzigen Migrationsgründe sein, jedoch könnte deren Bedeutung zunehmen. Etwas weiter gefasst kann ein Wandel der Umwelt Wanderungsentscheidungen beeinflussen, denn hierzu zählen neben dem

Klimawandel und seinen Folgen Luftverschmutzung und Ausdünnung der Ozonschicht, Flächennutzungsänderungen, Abholzung, Desertifikation, Artenschwund, Landdegradierung, Verfügbarkeit von Trinkwasser, gefährliche Abfälle und Kriege (vgl. BENISTON, 2004, S.1). Auf historische, klimatisch bedingte Veränderungen von großräumigen Siedlungsstrukturen (z.B. Besiedelung Grönlands, Untergang der Maya Zivilisation in Zentralamerika) weist HARDY (2003, S.153) hin. Fraglich bleibt, inwieweit sich die Anpassungsfähigkeit heutiger Gesellschaften erhöht hat, oder ob es in weniger entwickelten Regionen durch einen Klimawandel in diesem Jahrhundert zu ähnlichen Siedlungsveränderungen kommen kann. Dies könnte u.a. zu lokalen Veränderungen von Angebots- und Nachfragestrukturen im Energiesektor führen.

Kleinräumliche Migration kann durch einen Anstieg des Meeresspiegels induziert bzw. verstärkt werden, wobei dies jedoch weltweit parallel in verschiedenen Küstenstädten stattfinden kann. Die Schätzungen basierend auf den IPCC Emissionsszenarien gehen von einem Meeresspiegelanstieg zwischen 0,18m und 0,59m zum Ende des 21. Jahrhunderts (vgl. IPCC, 2007a, S.45) aus. Ungefähr 100 Mio. Menschen leben in Gebieten unter einem Meter über dem Meeresspiegel und ca. 40% der Weltbevölkerung, also ca. 2,7 Mrd. Menschen (vgl. DSW) leben in Gebieten, die weniger als 100km von der Küste entfernt sind (vgl. DOW, 2006, S.64). Somit siedelt ein Großteil der Menschheit im Einflussbereich eines möglichen Meeresspiegelanstiegs und damit verbundenen Folgen (extreme Wetterereignisse, Grundwasserversalzung) (vgl. DOW, 2006, S.64). Auswirkungen auf die Energieversorgung in diesen Regionen könnten eine Verteuerung der Bereitstellung sein (häufigere Infrastrukturschäden) oder eine Hemmung moderner dezentraler Energieversorgung (hoher privater Investitionsaufwand) und daher eine Begünstigung zentraler Versorgung.

## 4.3.2 Einflüsse auf die Struktur

Gemäß der Regulationstheorie (vgl. KULKE, 2006, S.96) können auch staatliche Institutionen und Verbraucher zu wirtschaftlichen Veränderungen beitragen, d.h. jene können die Struktur der Nachfrage verändern, indem sie z.B. aktiv Erneuerbare Energien nachfragen, worauf Unternehmen dann mit einem entsprechenden Angebot aus rein wirtschaftlichem Interesse reagieren können. Einzelne Varianten regenerativer Energien können hierbei auch als Marktvorstöße von Unternehmensseite betrachtet werden.

Die Rolle des Staates kann hierbei eine unterstützende sein, indem wettbewerbliche Rahmenbedingungen geschaffen bzw. aufrechtgehalten werden, oder neuen Technologien durch temporäre Subventionen (z.B. Vergütungen des Erneuerbare-Energien-Gesetz, vgl.

HENNICKE, 2007, S.71) der Markteintritt ermöglicht bzw. erleichtert wird. Außerdem spielt die Energieeffizienz eine wichtige Rolle, wobei allerdings eher der Preis und gesetzliche Auflagen (statt einem ökologischen Bewusstsein der Verbraucher) die ausschlaggebenden Determinanten sind (vgl. Kap. 2.2).

Zu einer bedeutenden, globalen Verringerung der Treibhausgasemissionen kann eine Steigerung der Energieeffizienz alleine (gleiche Raten wie bisher) allerdings nicht beitragen (vgl. HARDY, 2003, S.154f). Allerdings zeigen die nachfrageorientierten Energieszenarien (s. Kap. 2.2.2), dass bei höheren Raten der Effizienzsteigerung doch erhebliche Einsparungen möglich sind.

Aufgrund ganzjährig ansteigender Temperaturen kann es direkt zu Veränderungen in der Struktur der Nachfrage kommen. Einer Reduktion des Energiebedarfs für Heizzwecke stünde eine Zunahme des Energiebedarfs für Kühlzwecke gegenüber. Angelehnt an die Emissions-szenarien  des Weltklimarats kam eine Studie zu dem Ergebnis, dass in den USA der mögliche zusätzliche Energiebedarf den potentiell eingesparten Energiebedarf übertreffen würde (vgl. SCOTT&HUANG, 2007, S.21). Bis 2050 würde die Ersparnis -28%, der zusätzliche Aufwand jedoch 85% betragen. Bis 2080 könnten sich die Werte noch weiter spreizen, nämlich  von -45% bis 165%. Dies sind allerdings Mittelwerte aus allen Emissions-szenarien und Gebäudetypen in zahlreichen nordamerikanischen Städten. Regional kann es daher zu abweichenden Werten kommen. Außerdem können die Ergebnisse wohl nicht ohne Weiteres auf Erdteile anderer gesellschaftlicher Entwicklung übertragen werden.

Die Einsicht der Öffentlichkeit, dass sich Klimaschutz bis zu einem gewissen Grad auch wirtschaftlich lohnt (vgl. KEMFERT, 2008, S.80), kann zu einem Energiewandel hin zu regenerativer Energieerzeugung und ebenfalls zu Energieeinsparung führen. Der Aspekt der Abhängigkeit von Energieimporten, sowie der des Wettbewerbs auf den Energiemärkten können aber auch unabhängig vom Klimawandel zu dezentraler und somit teils zu erneuerbarer Energieerzeugung führen. Abzulesen ist der Bedeutungsgewinn regenerativer Energien beispielsweise in den Anteilen des deutschen PEV, der Anteile an Strom- und Wärmeerzeugung, sowie am Anteil des Kraftstoffabsatzes (Figur 18&21).

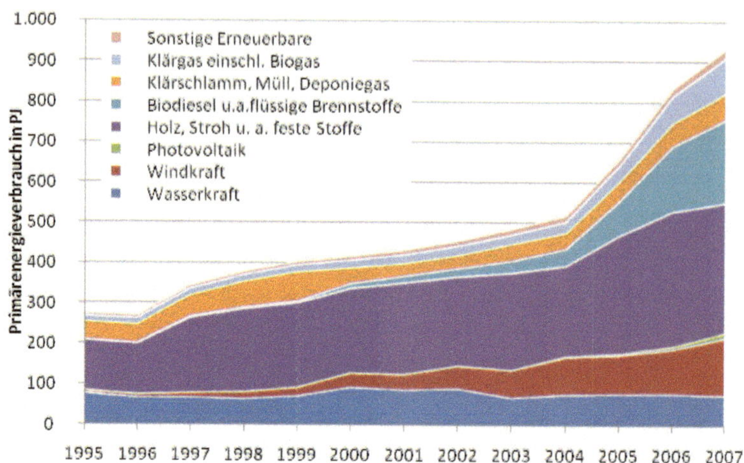

*Figur 18: Beitrag Erneuerbarer Energien zum deutschen Primärenergieverbrauch. Eigene Darstellung. Quelle: BMWi*

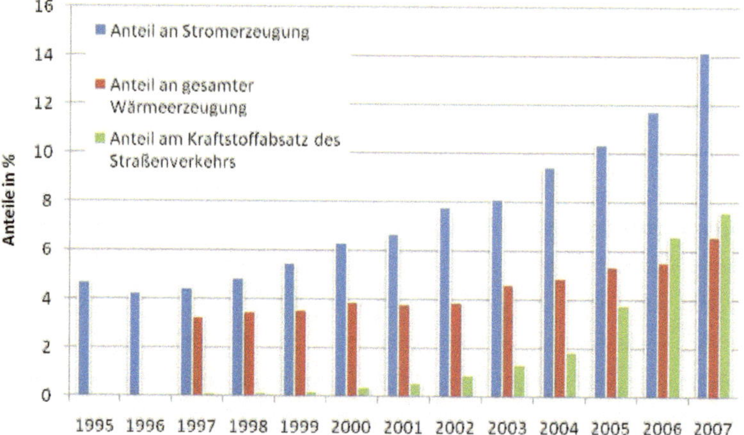

*Figur 19: Anteil Erneuerbarer Energien an Strom- und Wärmeerzeugung, sowie am Kraftstoffabsatz. Eigene Darstellung. Quelle: BMWi*

## 5. Synthese und Bewertung

Ungeachtet der Implikationen des Klimawandels beeinflussen geographisch/geologische, technische, logistische und politische Verfügbarkeiten die künftige Energieversorgung nicht-erneuerbarer Energierohstoffe (vgl. REMPEL, 2008, S.28).

Der geographisch/geologische Aspekt zielt zum einen auf den Umfang und die räumliche Verteilung des Gesamtpotenzials, sowie die Möglichkeit, die Nachfrage daraus zu decken und zum anderen darauf, ob es zu rein physischer Knappheit bei einzelnen Rohstoffen kommen kann.

Der technische Aspekt beleuchtet die zeitnahe Verfügbarkeit von Kapazitäten der Produktion und Weiterverarbeitung. Dabei geht es um die langfristigen strategischen Ausrichtungen und Planungen einzelner Unternehmen oder Absprachen von Kartellen der Energiebranche.

Die logistische Problematik stellt sich schon allein wegen der räumlichen Trennung von Produktion und Konsum. Hinzu kommen anteilige Veränderungen einzelner Energierohstoffe an regionaler Energieversorgung und die Transportkapazitäten bzw. –kosten.

Auf politischer Ebene sind „innenpolitische Stabilität, internationale Akzeptanz sowie außenpolitische und –wirtschaftliche Beziehungen" (REMPEL, 2008, S.28) wichtig, denn sie betreffen die Versorgungssicherheit beispielsweise des importabhängigen Europas.

Volkswirtschaftlich aggregierte Daten sind allerdings für die meisten Verbraucher zu abstrakt und daher sind Identifikation regionaler Folgen des Klimawandels und die Betroffenheit einzelner Sektoren geeignet, um dem Klimawandel ein lokales „Gesicht" zu geben.

Ein Lösungsweg der Probleme der derzeitigen Strukturen der Energieversorgung kann eine Kombination aus verstärktem Einsatz Erneuerbarer Energien und breiter Einführung effizienter Technologien, sowie die „Entkopplung von Energieverbrauch und Wirtschafts-wachstum" sein (HENNICKE, 2007, S.101). Wiederum unabhängig vom Klimawandel stützen starke Argumente diesen Lösungsweg. Wirtschaftlich betrachtet ist es „mittel- und langfristig kostengünstiger" (HENNICKE, 2007, S.101) die Energieversorgung nachhaltig zu gestalten. Außerdem können atomare und geostrategische Gefahren gemindert werden, Energieproduktion kann dezentraler stattfinden und somit kann dieser Lösungsweg auch international Demokratie fördern (vgl. HENNICKE, 2007, S.101).

Probleme bei der Umsetzung ergeben sich allerdings bereits im simplen Spiel von Angebot und Nachfrage: „Alternative ways of generating energy, carbon taxes or attempts to reduce the energy intensity of economic activities are all futile if the sheiks do not participate in the game." (SINN, 2007, S.18). Anstrengungen auf obigem „Lösungsweg" bewirken also international zunächst einen Nachfragerückgang nach fossilen Energierohstoffen. Dies kann wiederum deren Preise relativ vergünstigen, deren Wettbewerbsfähigkeit verbessern, die langfristige Verfügbarkeit ausdehnen und es damit für manche Marktteilnehmer unsinnig machen, den Anstrengungen hin zu einer nachhaltigen Energieversorgung zu folgen.

# 6. Literaturverzeichnis

ABBOUD, LEILA (2009): EU greenhouse-gas emissions drop 6%. Industrial slowdown reduces carbon output, but eases pressure on big polluters to change their behavior. In: WSJ - The Wall Street Journal Europe, Jg. 27, Ausgabe 44, 02.04.2009, S. 10.

BENISTON, MARTIN (2004). In: Unruh, Jon D. (Hg.): Environmental change and its implications for population migration. Dordrecht: Kluwer Academic Publ. (Advances in global change research, 20), S. 1–24.

BMVBS-Bundesministerium für Verkehr, Bau und Stadtentwicklung (Hg.) (2007): Schifffahrt und Wasserstraßen in Deutschland. Zukunft gestalten im Zeichen des Klimawandels. Online verfügbar unter http://www.bmvbs.de/publikation-,302.1028123/Schifffahrt-und-Wasserstrassen.htm, zuletzt geprüft am 18.03.2009.

BMWI-Bundesministerium für Wirtschaft und Technologie (Hg.): Energiestatistik Erneuerbare Energien. Online verfügbar unter http://www.bmwi.de/BMWi/Navigation/Energie/energiestatistiken,did=180888.html, zuletzt geprüft am 30.03.09.

BRÜCHER, WOLFGANG (2008): Erneuerbare Energien in der globalen Versorgung aus historisch-geographischer Perspektive. In: Geographische Rundschau, Jg. 60, H. 1, S. 4–12.

CAPROS, P.; KOUVARITAKIS, N.; MANTZOS, L.; ZEKA-PASCHOU, M. (2008): European Energy and Transport. Trends to 2030 - Update 2007. European Commission Directorate-General for Energy and Transport. Online verfügbar unter http://bookshop.europa.eu/eubookshop/bookmarks.action?target=EUB:NOTICE:KOAC07001:EN:HTML&request_locale=EN, zuletzt geprüft am 10.03.2009.

CCSP (Hg.) (2007): Effects of Climate Change on Energy Production and Use in the United States. A Report by the U.S. Climate Change Science Program and the subcommittee on global Change Research. Washington, D.C.

DWS - Deutsche Stiftung Weltbevölkerung. Online verfügbar unter www.dsw-online.de, zuletzt geprüft am 27.03.09.

DOW, KIRSTIN; DOWNING, THOMAS E. (2006): The atlas of climate change. Mapping the world's greatest challenge. Berkeley, Calif.: University of California Press.

EIA - Energy Information Admisistration (2008): International Energy Outlook 2008. Online verfügbar unter http://www.eia.doe.gov/oiaf/ieo/index.html, zuletzt geprüft am 28.03.09.

GERLOFF, JENS UWE (2008): Ölsande und Ölschiefer - Reserven des globalen Ölmarktes? In: Geographische Rundschau, Jg. 60, H. 1, S. 42–49.

HAAS, HANS-DIETER; SCHARRER, JOCHEN; SCHLIEPHAKE, KONRAD (2005): Geographie des Bergbaus und der Energiewirtschaft. In: Schenk, Winfried; Schliephake, Konrad (Hg.): Allgemeine Anthropogeographie: Klett Perthes, S. 401–448.

HARDY, JOHN T. (2003): Climate change. Causes, effects, and solutions. Reprinted. Chichester: Wiley.

HARMELING, SVEN (2008): Ebenen, Trends und Perspektiven internationaler Energiepolitik. In: Geographische Rundschau, Jg. 60, H. 1, S. 14–21.

HELFER, MALTE (2008): Perspektiven der Steinkohle im 21. Jahrhundert. In: Geographische Rundschau, Jg. 60, H. 1, S. 32–41.

HENNICKE, PETER; FISCHEDICK, MANFRED (2007): Erneuerbare Energien. Mit Energieeffizienz zur Energiewende. Bonn: Bundeszentrale für politische Bildung (Schriftenreihe / Bundeszentrale für Politische Bildung, Bd. 676).

IPCC (2007a): Summary for Policymakers. In: Climate Change 2007: Synthesis Report. Contribution of Working Groups I, II and III to the Fourth Assessment Report of the Intergovernmental Panel on Climate Change. Cambridge: Cambridge Univ. Press.

IPCC (2007b): Summary for Policymakers. In: Climate Change 2007: The Physical Science Basis. Contribution of Working Group I to the Fourth Assessment Report of the Intergovernmental Panel on Climate Change. Cambridge: Cambridge Univ. Press.

IPCC (2007c): Summary for Policymakers. In: Climate Change 2007: Impacts, Adaption and Vulnerability. Contribution of Working Group II to the Fourth Assessment Report of the Intergovernmental Panel on Climate Change. Cambridge: Cambridge Univ. Press.

IPCC (2007d): Summary for Policymakers. In: Climate Change 2007: Mitigation. Contribution of Working Group III to the Fourth Assessment Report of the Intergovernmental Panel on Climate Change. Cambridge: Cambridge Univ. Press.

JACOB, D.; GÖTTEL, H.; LORENZ, P. (2007): Hochaufgelöste regionale Klimaszenarien für Deutschland, Österreich und die Schweiz. In: DMG Mitteilungen, H. 1, S. 10–12.

JÄGER, JOHANN (2008): Windenergie - zwischen Ertragsoptimierung und Versorgungssicherheit. Online verfügbar unter http://www.eev.eei.uni-erlangen.de/Download/, zuletzt geprüft am 31.03.2009.

JÄGER, JOHANN (11.07.2008): Blackoutvermeidung - Systemaufgabe für die Energieversorgungsnetze der Zukunft. Veranstaltung vom 11.07.2008. Online verfügbar unter http://www.eev.eei.uni-erlangen.de/Download/, zuletzt geprüft am 30.03.2009.

KEMFERT, CLAUDIA (2008): Die andere Klima-Zukunft. Innovation statt Depression. Hamburg: Murmann.

KREFT, HEINRICH (2008): Sicherheit der Energieversorgung Chinas. In: Geographische Rundschau, Jg. 60, H. 1, S. 50–57.

KULKE, ELMAR (2006): Wirtschaftsgeographie. 2. Aufl. Paderborn: Ferdinand Schöningh.

LUBW - Landesanstalt für Umwelt, Messungen und Naturschutz Baden-Württemberg: Regionale Klimaszenarien für Süddeutschland. Abschätzung der Auswirkungen auf den Wasserhaushalt (2006): JVA (KLIWA-Berichte, 9).

MICHAEL, THOMAS; GEHRING, WIEBKE (Hg.) (2008): Diercke-Weltatlas. 1. Aufl. Braunschweig: Westermann.

MUNASINGHE, MOHAN; SWART, ROBERT J. (2005): Primer on climate change and sustainable development. Facts, policy analysis, and applications. Cambridge: Cambridge Univ. Press.

MÜNCHENER RÜCK (Hg.) (2009): Topics Geo Naturkatastrophen 2008. Analysen, Bewertungen, Positionen. Online verfügbar unter http://www.munichre.com/de/publications/default.aspx, zuletzt geprüft am 01.04.2009.

PRESS, FRANK; SIEVER, RAYMOND (2003): Allgemeine Geologie. Einführung in das System Erde. 3. Aufl.: Spektrum Akademischer Verlag.

REMPEL, HILMAR (2008): Globale Verfügbarkeit nicht-erneuerbarer Energierohstoffe. In: Geographische Rundschau, Jg. 60, H. 1, S. 22–31.

REMPEL, HILMAR; SCHMIDT, SANDRO; SCHWARZ-SCHAMPERA, ULRICH (2007): Reserven, Ressourcen und Verfügbarkeit von Energierohstoffen 2007. Herausgegeben von Bundesanstalt für Geowissenschaften. Online verfügbar unter http://www.bgr.bund.de, zuletzt geprüft am 05.03.2009.

ROTHSTEIN, BENNO; MÜLLER, ULRIKE; GREIS, STEFANIE; SCHULZ, JEANETTE; SCHOLTEN, ANJA; NILSON, ENNO (2008): Elektrizitätsproduktion im Kontext des Klimawandels. Auswirkungen der sich ändernden Wassertemperaturen und des sich verändernden Abflussverhaltens. In: Korrespondenz Wasserwirtschaft, H. 10, S. 555–561.

SCHENK, WINFRIED; SCHLIEPHAKE, KONRAD (Hg.) (2005): Allgemeine Anthropogeographie: Klett Perthes.

SCHLIEPHAKE, KONRAD (2008): Energiewirtschaft weltweit. Ein Ausblick auf Potentiale und Engpässe. In: Würzburger Geographische Manuskripte, H. 73, S. 4–12.

SCHLIEPHAKE, KONRAD; SCHULZE, BARBARA (2008): Energie in globaler und regionaler Sicht. Eine Einführung. In: Würzburger Geographische Manuskripte, H. 73, S. 1–3.

SCOTT, M. J.; HUANG, Y. J. (2007): Effects of Climate Change on Energy Use in the United States. In: CCSP (Hg.): Effects of Climate Change on Energy Production and Use in the United States. A Report by the U.S. Climate Change Science Program and the subcommittee on global Change Research. Washington, D.C., S. 7–28.

SINN, HANS-WERNER (2007): Public Policies against Global Warming. Ifo Institut für Wirtschaftsforschung. (CESifo Working Paper, 2087). Online verfügbar unter http://www.cesifo-group.de/portal/page/portal/ifoHome/b-publ/b3publwp/_wp_by_number?p_number=2087, zuletzt geprüft am 08.04.09.

SMITH, J. B., S.H. SCHNEIDER, M. OPPENHEIMER, G.W. YOHE, W. HARE, M.D. MASTRANDREA, A. PATWARDHAN, I. BURTON, J. CORFEE-MORLOT, C.H.D. MAGADZA, H-M. FÜSSEL, A. BARRIE PITTOCK, A. RAHMAN, A. SUAREZ, AND J-P. VAN YPERSELE (2009): Assessing dangerous climate change through an update of the Intergovernmental Panel on Climate Change (IPCC) "reasons for concern". In: Proceedings of the National Academy of Sciences. Online verfügbar unter http://www.pnas.org/content/early/2009/02/25/0812355106, zuletzt geprüft am 28.02.2008.

UBA - Umweltbundesamt (Hg.) (2008a): Anpassung an Klimaänderung in Deutschland. Themenblatt Finanz- und Energiewirtschaft. Online verfügbar unter http://www.umweltbundesamt.de/klimaschutz/, zuletzt geprüft am 30.03.09.

UBA - Umweltbundesamt (Hg.) (2008b): Klimaauswirkungen und Anpassung in Deutschland. Phase 1: Erstellung regionaler Klimaszenarien für Deutschland. Online verfügbar unter http://www.umweltbundesamt.de/uba-info-medien/mysql_medien.php?anfrage=Kennummer&Suchwort=3513, zuletzt geprüft am 31.03.2009.

UNRUH, JON D. (Hg.) (2004): Environmental change and its implications for population migration. Dordrecht: Kluwer Academic Publ. (Advances in global change research, 20).

WILBANKS, T. J.; BHATT, V.; BILELLO, D. E.; BULL, S. R.; EKMANN, J.; HORAK, W. C.; HUANG, Y. J.; LEVINE, M. D.; SALE, M. J.; SCHMALZER, D. K.; SCOTT, M. J. (2007): Introduction. In: CCSP (Hg.): Effects of Climate Change on Energy Production and Use in the United States. A Report by the U.S. Climate Change Science Program and the subcommittee on global Change Research. Washington, D.C., S. 3–6.

WWF Deutschland (Hg.) (2009): Die mögliche Wirkung des Klimawandels auf Wassertemperaturen von Fliessgewässern. Online verfügbar unter http://www.wwf.de/downloads/publikationsdatenbank/ddds//1//0/Suchen////Wassertemperaturen/, zuletzt geprüft am 25.03.2009.